中国少儿百科

尹传红 主编　苟利军 罗晓波 副主编

核心素养提升丛书

四川科学技术出版社

一 了不起的蜜蜂

我们常见的蜜蜂属于昆虫。它们虽然看起来非常普通，但其实非常了不起。它们的飞行能力很强，能持续飞行 4~8 千米，是不是很厉害？

瓢虫、蝴蝶和蝉等动物，都属于昆虫。据统计，目前全世界已命名的昆虫共有 100 多万种。

蜜蜂是一个非常古老的物种，在 1 亿多年前的恐龙时代就已经存在了。科学家们曾经发现距今 1 亿年前的蜜蜂化石。

可爱的小蜜蜂，是花儿的好朋友。它们在花丛中采蜜，还能帮助花朵传粉，促进植物生长。

小朋友，你吃过香甜可口、富含营养的蜂蜜和蜂王浆吗？它们都是蜜蜂生产的。蜜蜂对人类的贡献很大哦！

传说，在公元 11 世纪，英国军队曾经利用蜜蜂攻击敌人，结果大获全胜。

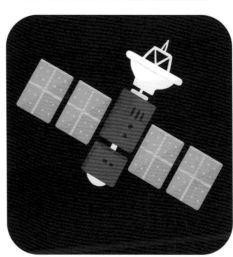

蜂巢独特的结构，使科学家们大受启发，并据此设计出了人造卫星的外形结构。

二 奇妙的身体结构

昆虫的身体由头部、胸部和腹部构成，成虫一般有两对翅和三对足。作为昆虫大家族中的佼佼者之一，蜜蜂也不例外。

虾、螃蟹、甲虫等动物的外壳，其实是它们的外骨骼，能够像士兵的盔甲一样保护它们的身体。

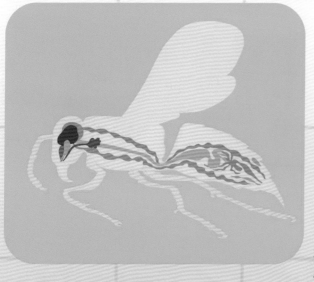

小朋友，你想不到吧，蜜蜂也有外骨骼。它们的头部、胸部和腹部，就是依靠外骨骼连接的。蜜蜂的消化系统、循环系统、呼吸系统、神经系统和生殖系统，保证了它们的身体机能正常运转。

单眼

复眼　　　　　　复眼

触角　　嘴　　触角

蜜蜂的头部，除了眼睛和嘴巴，还长着一对触角。

蜜蜂的眼睛很奇特，包括一对复眼和三个单眼。它的复眼又由几千个小眼组成。复眼对空间的分辨能力并不强，却可以发现快速移动的物体。蜜蜂单眼的主要作用是感受光线的强弱。

头顶上的触角是蜜蜂的感觉器官，能帮助蜜蜂判断周围的环境是否安全，以及高效捕捉和识别气味信息。

前肠　蜜胃

蜜蜂腹部的重要器官有心脏、蜜胃、肠道和螫针等。它们的前肠则和蜜胃连在一起。

雌蜂的腹部末端，都长着一根螫针，这是它们自卫和攻击敌人的武器。当心！如果你被它们的螫针螫伤了，不疼得哇哇大哭才怪呢！雌蜂的螫针，其实是由它们的产卵器转化而来的。

告诉大家一个小秘密，蜜蜂的胸腔里面长满了肌肉。它们的翅膀和腿，就是依靠这些肌肉控制运动的。

蜜蜂也需要呼吸。人类依靠鼻子、气管和肺呼吸，但蜜蜂并没有鼻子，那它们是用嘴巴呼吸的吗？

并不是。蜜蜂的呼吸系统由腹部的气门、气管和气囊组成，它们就是依靠气门进行气体交换来实现呼吸的。

蜜胃

蜜蜂的蜜胃不能消化食物，而是用来贮存那些甜滋滋的蜂蜜。装满蜂蜜的蜜胃会逐渐膨胀，并占据大部分的腹腔空间。

和蜻蜓、蚊子一样，蜜蜂长着薄而透明的膜翅，一共两对，一对是前翅，一对是后翅，前翅比后翅更大。这两对看上去并不起眼的翅膀，使蜜蜂成为昆虫界的飞行能手。

前翅

后翅

蜜蜂有三对足，其中最粗大、最强壮的是后足。飞行时，它们的后足还能使身体保持平衡。

蜜蜂在花丛中活动时，用后足上的花粉篮来采集花粉。

所有的工蜂都是雌蜂，它们十分勤劳，既要修建巢穴，又要采集食物，还要喂养幼虫和守卫巢穴。雄蜂的主要任务就是和蜂王孕育后代。

工蜂　　　　　雄蜂

蜂王

蜜蜂是群居性昆虫，每个蜂群里都有工蜂、雄蜂和蜂王。它们的工作各不相同。

一个蜂群里，个头最大的就是蜂王。它专门负责产卵，一天能产下大约 2 000 枚卵。蜂王的寿命普遍为 3~5 年。

不管是工蜂幼虫，还是雄蜂幼虫，吃的都是普通的花粉和蜂蜜。不过，有一些特殊的雌蜂幼虫，一直享受工蜂的精心照顾。

蜂王通常在蜂巢里产卵。这些卵又白又长，就像天上的月牙。蜜蜂的幼虫从卵里孵化出来后，不久又化蛹。最后，它们都会长成一只只勤劳的小蜜蜂，快乐地展翅飞舞。

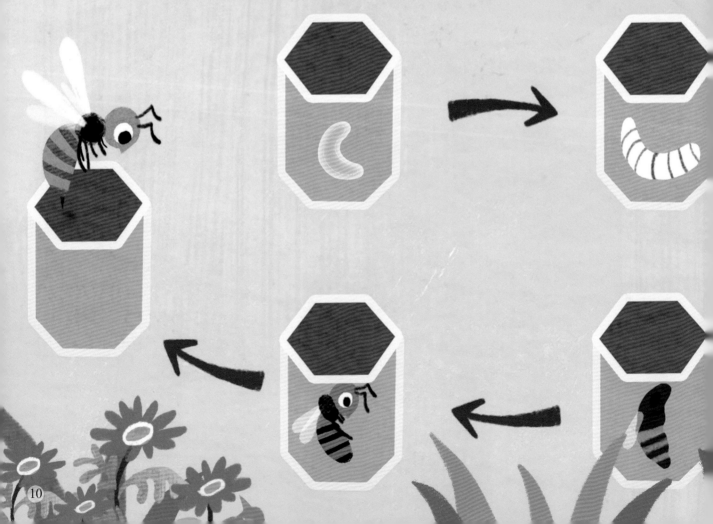

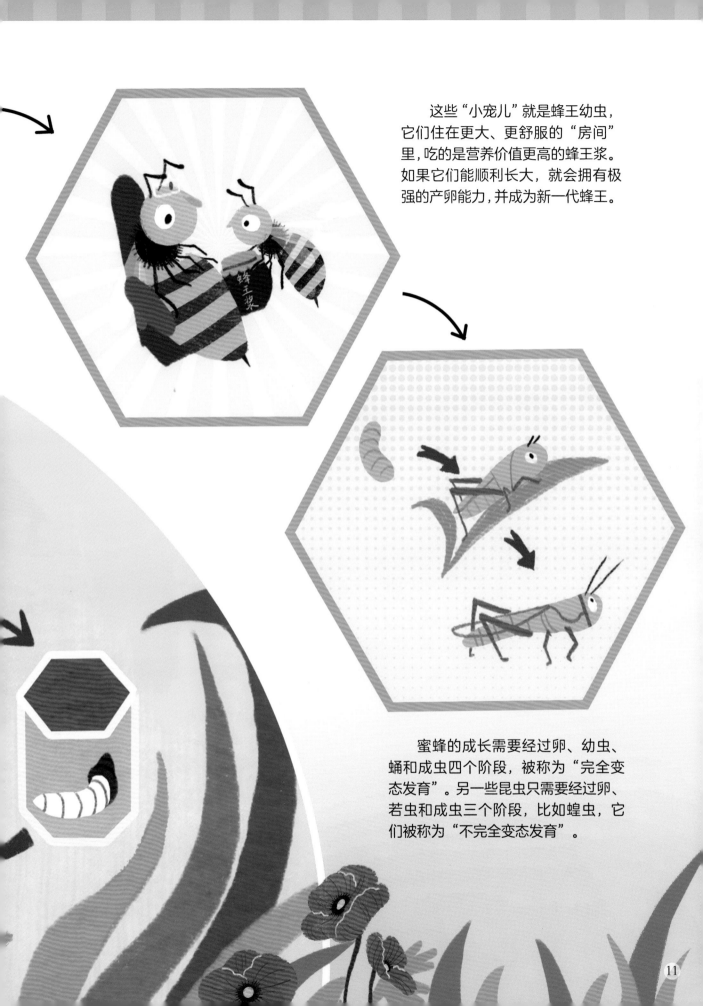

这些"小宠儿"就是蜂王幼虫，它们住在更大、更舒服的"房间"里，吃的是营养价值更高的蜂王浆。如果它们能顺利长大，就会拥有极强的产卵能力，并成为新一代蜂王。

蜜蜂的成长需要经过卵、幼虫、蛹和成虫四个阶段，被称为"完全变态发育"。另一些昆虫只需要经过卵、若虫和成虫三个阶段，比如蝗虫，它们被称为"不完全变态发育"。

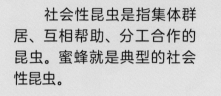

社会性昆虫是指集体群居、互相帮助、分工合作的昆虫。蜜蜂就是典型的社会性昆虫。

蜜蜂的生活离不开采蜜，所以，它们往往聚居在蜜源充足，也就是花儿盛开的地方。

蜂巢是蜜蜂的家园，蜜蜂筑巢的技艺比鸟儿更出色。在野外，蜜蜂通常把巢建在树洞里。

蜂蜡用途广泛，除了用于建造蜂巢，还是制作蜡烛的重要原料。

蜜蜂数量庞大，一个蜂群通常由几千到几万只蜜蜂组成。一个蜂巢就像一个独立的蜜蜂王国。

一个蜂巢由无数个六角形小隔间组成。这些小隔间就像一个个小房间或小仓库，有的存放花粉；有的储存蜂蜜；有的住着卵宝宝或者幼虫。这种六角形小隔间的设计，能最大限度地节省材料，并使整个蜂巢更加坚固耐用。

在很早以前，人们就开始饲养蜜蜂了。为了给蜜蜂一个安全的家，人们通常使用木头为蜜蜂筑巢。

幼虫长大后，蜂巢里会变得非常拥挤。这时，蜂王就会带着一部分蜜蜂离开，去建一个新巢，这就是分巢或分蜂。而已经完全长大的蜂王幼虫，就会成为旧巢的新蜂王。

蜂王的竞争是非常残酷的。在一个蜂巢里，蜂王幼虫并不是只有一只，但蜂王只有一只。于是，最先长大的蜂王幼虫会无情地杀死其他竞争者，让自己顺利登上"王位"。

到花丛中采集花粉、花蜜，是工蜂们的主要任务。

工蜂们从不偷懒，一天之中，一只工蜂可以采 2 000 朵花。这些辛勤的小蜜蜂，为了生产 1 千克蜂蜜，要飞行几十万千米。

工蜂的身上长满绒毛，当它们落在花朵上时，花粉就会粘在这些绒毛上。接着，蜜蜂会用后足把绒毛上的花粉刷下来，装进后足的"花粉篮"里。随后，它们就带着自己的劳动成果飞回蜂巢。

很多植物的花朵，必须通过传粉才能结出果实。它们往往需要蜜蜂、蝴蝶等昆虫的帮助。

在一朵花上采完花粉的蜜蜂，又飞到另一朵花上时，它们身上、足上的花粉也会从一朵花落到另一朵花，于是植物就实现了传粉。

花粉不但是蜜蜂的美食，也是我们的营养品呢！花粉是一种营养丰富的食物，适量食用对身体有一定好处。

工蜂们采回的花蜜，先由保育蜜蜂在巢中传递。在此过程中，花蜜里的蔗糖会转化成容易吸收的葡萄糖和果糖。

为了降低花蜜里的含水量，工蜂们会不停地扇动翅膀，加快水分蒸发。

工蜂们带回巢中的花粉，会被储存在六角形的小隔间里。为了节省空间，聪明的蜜蜂们会用头把花粉压紧压实。

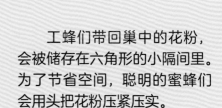

花蜜被存入蜂巢中的小隔间后，工蜂们会把小隔间的口封上，让花蜜在里面酿造成熟。

蜂蜜会凝结成晶体，这就是"结晶"。在13~14℃的温度下，蜂蜜最容易结晶。

蜂蜜可以储存很长时间。据说在1913年，美国科学家在埃及的金字塔中，就发现了一瓶完全没有变质的蜂蜜。

有些小朋友可能会问，那么多蜜蜂聚集在一起生活、工作，那它们之间是如何交流的呢？

和很多动物一样，蜜蜂也能分泌信息素，也就是气味。蜜蜂们可以依靠这种信息素来进行交流。人类用语言进行交流，蜜蜂的信息素就是它们的语言。

果蝇也能分泌信息素，并利用信息素来传递信息、寻求配偶。一些动物的信息素，还能起到警示作用。

19

小朋友，你知道吗？蜜蜂还会跳舞呢！其实这也是它们交流的一种方式，被称为"舞蹈语言"。

如果蜜蜂发现了蜜源，就会飞回巢里，用跳舞的方式告诉大家。如果蜜源在 100 米内，蜜蜂就会跳"圆圈舞"。蜜源越近，它跳舞的动作就越快。

100米

如果蜜源在 100 米外，蜜蜂就会跳起"摆尾舞"，同时向蜜源所在的方向移动。蜜源越远，它摇摆的幅度就越大。

在跳"8字舞"的过程中，蜜蜂在两个圆弧中间的直线上移动时，如果头朝上方偏右，表示蜜源的位置在太阳的同一方向偏右。

如果蜜蜂头向上，腹部左右摆动，表示蜜源就在阳光照射的地方。

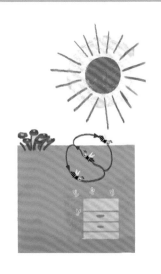

如果蜜蜂的头朝上方偏左，就表示蜜源的位置在太阳的同一方向偏左。

蜜蜂摆尾舞的舞动轨迹呈"8"字形，所以也叫"8字舞"。

蝙蝠能发出奇特的超声波，这也是一种"声音语言"。

另外，蜜蜂还会快速扇动翅膀，发出响亮的嗡嗡声，这就是它们的"声音语言"。

小小的蜜蜂，在人们的心目中却有着重要的地位。它们一生都在不停地忙碌，被人们视为勤劳的象征。有一首诗里写道："采得百花成蜜后，为谁辛苦为谁甜"，这句诗称赞的就是蜜蜂和辛苦劳作的人们。

神奇的蜜蜂，拥有非凡的智慧，它们能建造精巧别致的蜂巢，不愧为昆虫界"杰出的建筑师"。

在古埃及传说中，蜜蜂是太阳神眼泪的化身。在古埃及法老的坟墓里，还有关于蜜蜂是王权象征的记载。

辛勤的蜜蜂，为我们提供了大量的蜂蜜、蜂王浆和蜂蜡。

甜美的蜂蜜，以及营养丰富的蜂王浆，都是深受人们欢迎的营养品。

蜂蜡是工蜂腊腺的分泌物，是制作蜡烛、化妆品和鞋油等的主要原料。

不过，必须要提醒一下，小朋友不建议吃蜂蜜哦！

据说古罗马人曾经用蜂蜜为士兵和角斗士治疗伤口。其实，蜂蜜反而可能会造成伤口的感染。

蜜蜂能产生毒液，人们可以从中提取用于治疗部分疾病的化学物质。

大象经常偷吃、损毁农作物。不过，人们发现可以利用蜜蜂把它们赶走，因为这些大块头也怕小蜜蜂的螫针。

一些科学家还尝试训练蜜蜂，让它们通过气味搜寻隐藏的炸弹。

蜜蜂身上黑黄相间的条纹，是它们的警戒色。看到这样的条纹，其他动物就跑得远远的，不敢冒犯它们。

一种生物，在形态、行为等特征上模仿另一种生物，就叫"拟态"。例如，食蚜蝇会模拟蜜蜂以躲避天敌。

有一种蝴蝶叫枯叶蝶，它们静止时就像一片枯叶，让人难辨真假。

在自然界中，有许多动物善于利用警戒色保护自己，如箭毒蛙、颜色鲜艳的蛇等。

寒冬来临时，蜜蜂们就躲在巢里，用聚成一团的方式来取暖。

绿喉蜂虎等鸟类和不少昆虫都是蜜蜂的天敌，熊和蜜獾等动物也经常捣毁蜂巢，抢夺蜂蜜。

那么，小蜜蜂们怎样防御这些强敌呢？

当遭受侵犯时，工蜂会用含有毒液的螯针来对付敌人。它们的螯针刺伤敌人后，还会释放出告警信息素，引来大量工蜂，一起攻击对方。

入侵蜂群的胡蜂，会被无数蜜蜂围成球状困在中间。同时，蜜蜂们扇动翅膀使温度加速升高。最后，胡蜂会因承受不住"蜜蜂球"内的高温而死亡。

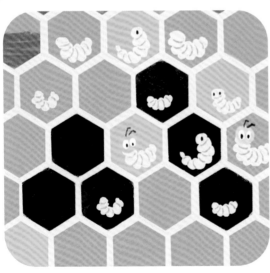

内寄生是指把卵产在蜜蜂幼虫的体内。孵化出幼虫后，以被它们寄生的蜜蜂体内的组织为食物。外寄生是指把卵产在寄主体表，让孵化的幼虫从体表取食寄主身体。

有一种叫蜂虱的小昆虫，能使蜜蜂们的采集、繁殖能力大大减弱。

人们无节制地砍伐、毁坏各种花树草木，以及工业污染的加剧，使蜜蜂陷入食物短缺的生存危机。

人们经常使用的农药中含有大量的烟碱，给蜜蜂造成了不小的伤害。汽车尾气也会使花朵的气味发生变化，使蜜蜂难以寻花采蜜。

截至 2015 年，欧洲的蜂类约有 10% 濒临灭绝。

10%

蜂类大家族

无刺蜂、西方蜜蜂、欧洲熊蜂和非洲劲蜂都属于蜜蜂。

无刺蜂是蜜蜂中的小不点儿，它们的体长约5毫米，少数可达10毫米。

这种黑色的小蜜蜂，头比较大，没有螫针。有些蜂农专门饲养无刺蜂，让它们为农作物传粉。

西方蜜蜂又叫意蜂，世界各地都有它们的踪影。和其他蜜蜂一样，意蜂也喜欢在巢穴旁边振动翅膀扇风。

生物在自然环境条件下亲体自行交配繁殖的过程，叫自然繁殖。非洲劲蜂并不是自然繁殖产生的，而是后天杂交的生物。这种蜜蜂毒性极强，可以致人死亡，所以又被称为"杀人蜂"。

雄性的欧洲熊蜂，头部长着黑毛，而普通蜜蜂头上的毛是黄色的。

欧洲熊蜂又叫钻地巨熊蜂，它们不但能采蜜，还能钻地。它们的蜂巢，一般建在地下。

蜜蜂和胡蜂都属于蜂类，那么它们之间有什么区别呢？

从外形来看，蜜蜂身体粗短，胡蜂体形细长。蜜蜂看起来全身毛茸茸的，而胡蜂体表较为光滑少毛。

蜜蜂

胡蜂

蜜蜂的食物全部是花粉和花蜜，而胡蜂的食性很杂，它们除了吸食花蜜和植物汁液，还捕食蛾、蝴蝶等小型昆虫，就算这些昆虫的体形比胡蜂更大，也会成为它们的猎物。即使是胡蜂的幼虫，也大多以毛毛虫等为食。

和胡蜂相比，蜜蜂比较温和，如果不是为了自卫，一般不会主动发起攻击。胡蜂的性情非常暴躁，经常攻击、捕食其他昆虫。缺少食物时，胡蜂还会捕食蜜蜂、盗取蜂蜜。

蜜蜂和胡蜂的螫针都有毒，但蜜蜂的毒性不算太强，如果不小心被蜜蜂蜇伤，伤处会红肿、疼痛，应先用镊子夹出毒刺，再用肥皂水等碱性液体处理一下，然后前往医院就医。

如果不幸被胡蜂蜇伤，那就太危险了，一定要立即前往医院就医！

蜜蜂的螫针蜇伤了人或动物，它们的螫针会留在人或动物身体内，它们也会随之死亡。胡蜂的螫针可以反复使用多次，丝毫不会危及它们的生命。

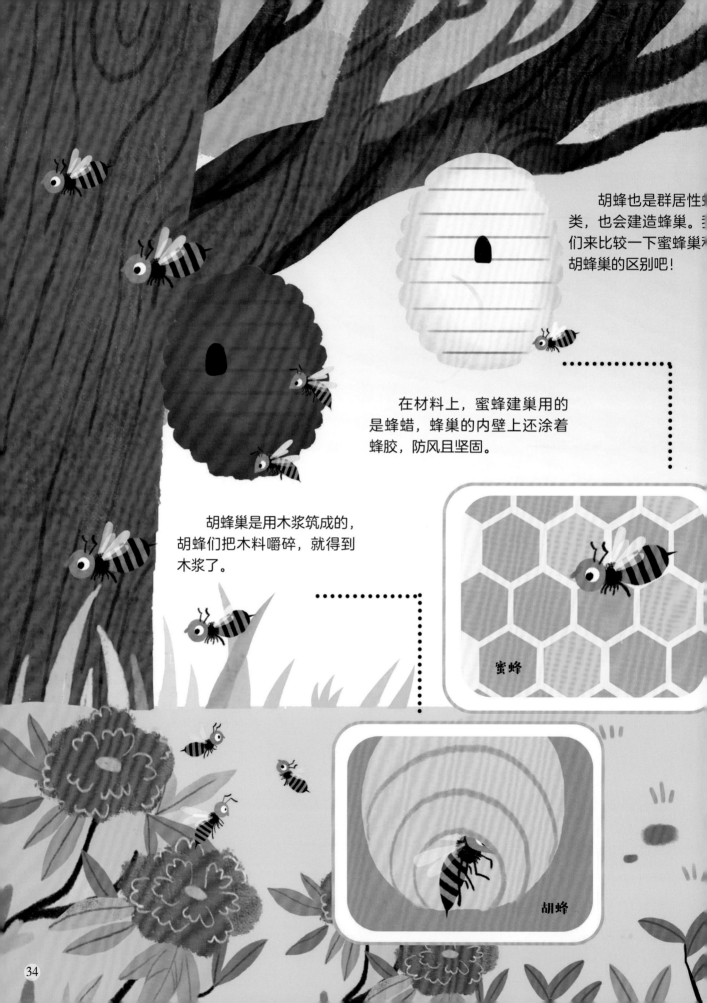

胡蜂也是群居性蜂类，也会建造蜂巢。我们来比较一下蜜蜂巢和胡蜂巢的区别吧！

在材料上，蜜蜂建巢用的是蜂蜡，蜂巢的内壁上还涂着蜂胶，防风且坚固。

胡蜂巢是用木浆筑成的，胡蜂们把木料嚼碎，就得到木浆了。

蜜蜂

胡蜂

有一种胡峰，名为金环胡蜂，体长可达 4 厘米。

在中国的各种胡蜂中，体形最大，毒性最强，性情最凶猛的就是金环胡蜂了，它又被称为"中国大虎头蜂"。

在蜂类大家族里，除了蜜蜂、胡蜂，还有木蜂等众多种类。

木蜂不是群居性蜂类，它们喜欢独来独往。它们被称为木蜂，是因为经常在干燥的木头上钻出小洞，作为自己栖身的"小家"。

图书在版编目（CIP）数据

蜜蜂有点忙 / 尹传红主编；苟利军，罗晓波副主编 .
成都：四川科学技术出版社，2024.9. -- （中国少儿百
科核心素养提升丛书）. -- ISBN 978-7-5727-1530-3

Ⅰ . Q969.54-49

中国国家版本馆 CIP 数据核字第 2024YJ4416 号

中国少儿百科　核心素养提升丛书
ZHONGGUO SHAO'ER BAIKE HEXIN SUYANG TISHENG CONGSHU

蜜蜂有点忙
MIFENG YOUDIANMANG

主　　编　尹传红

副 主 编　苟利军　罗晓波

出 品 人　程佳月

责任编辑　魏晓涵

选题策划　鄢孟君

封面设计　韩少洁

责任出版　欧晓春

出版发行　**四川科学技术出版社**

　　　　　成都市锦江区三色路 238 号　邮政编码 610023
　　　　　官方微博 http://weibo.com/sckjcbs
　　　　　官方微信公众号 sckjcbs
　　　　　传真 028-86361756

成品尺寸　205 mm × 265 mm

印　　张　2.25

字　　数　45 千

印　　刷　成业恒信印刷河北有限公司

版　　次　2024 年 9 月第 1 版

印　　次　2024 年 10 月第 1 次印刷

定　　价　39.80 元

ISBN　978-7-5727-1530-3

邮　　购：成都市锦江区三色路 238 号新华之星 A 座 25 层　邮政编码：610023
电　　话：028-86361770